Bibliografische Information der Deutschen Nationalbibliothek:

Die Deutsche Bibliothek verzeichnet diese Publikation in der Deutschen National-
bibliografie; detaillierte bibliografische Daten sind im Internet über http://dnb.d-
nb.de/ abrufbar.

Impressum:

Copyright © 2009 GRIN Verlag, Open Publishing GmbH
Druck und Bindung: Books on Demand GmbH, Norderstedt Germany
ISBN: 978-3-668-20438-6

Dieses Buch bei GRIN:

http://www.grin.com/de/e-book/163600/concentrating-solar-power-und-das-
desertec-projekt-technik-standorte

Daniel Auer

Concentrating Solar Power und das DESERTEC-Projekt. Technik, Standorte, Erfahrungen

GRIN Verlag

Inhalt

Abkürzungsverzeichnis 3

1.   CONCENTRATING SOLAR POWER: EINFÜCHRUNG 4

2.   CSP: TECHNIK & KOSTEN 7

kurze Zusammenfassung 11

a.   CSP: STANDORTWAHL 12

3.   ERFAHRUNGSWERTE 14

a.   SPANIEN: „ANDASOL 1, 2, 3" 14

b.   USA: „NEVADA SOLAR ONE" 15

c.   USA: „KRAMER JUNCTION IN DER MOJAVE-WÜSTE" 16

4.   ANDERE GEPLANTE PROJEKTE 17

5.   CSP: AUSWIRKUNGEN AUF DIE UMWELT 17

Literaturverzeichnis & Quellenverzeichnis 19

Ausarbeitung von Daniel Auer für Umwelttechnik im Studium zum Wirtschaftsingenieur.

Abkürzungsverzeichnis

Nachfolgend eine Auflistung der in dieser Hausarbeit verwendeten Abkürzungen in alphabetischer Reihenfolge.

Abkürzung	Bedeutung
/ a	pro Jahr z.B. kWh/a heißt Kilowatt-Stunde(n) pro Jahr
$\dfrac{kWh}{m^2}$	Einheit der Globalstrahlungsintensität je m²
CSP	Concentratin Solar Power; Gebündelte Sonnenenergie ermöglicht thermische Nutzung der Solarkraft mittels Parabolspiegel
DLR	Deutsches Zentrum für Luft- und Raumfahrt
KWh	Kilowatt-Stunde
MENA	Staaten der Region mittlerer Osten und Nordafrika
OECD	Organisation für wirtschaftliche Zusammenarbeit und Entwicklung (Staatenverbund)
TREC	Trans-Mediterranean Renewable Energy Cooperation [Entwickler des Desertec Projektes]
TWh	Terrawatt-Stunde

Ausarbeitung von Daniel Auer für Umwelttechnik im Studium zum Wirtschaftsingenieur.

1. CONCENTRATING SOLAR POWER: EINFÜCHRUNG

Im Rahmen dieser Hausarbeit wird das Thema Stromerzeugung mit Parabolspiegel-Kraftwerken im Desertec Projekt behandelt. Nachfolgend werde ich für diese Kraftwerke den Begriff CSP verwenden. CSP ist die Abkürzung für *Concentrating Solar Power* was wiederum der englische Begriff für *gebündelte Sonnenenergie*.

Solarkraftwerke vom Typ CSP nutzen, wie alle Solaranlagen und Solarkraftwerke, die Energie der Sonne. Der Energievorrat der Sonne kann als unbegrenzt angesehen werden.[1] Aufgrund der Tatsache, dass die Energie der Sonne überall auf der Welt unbegrenzt und kostenlos verfügbar ist zählt Sonnenenergie zu den umweltschonenden, erneuerbaren, Energieträgern.[2] Der Vorrat an fossilen Energieträgern ist hingegen endlich[3] und jede weitere Erschließung vorhandener Vorkommen ist mit hohen Kosten verbunden. Zudem hat die hohe CO_2 Emission fossiler Energieträger und die damit verbundene Erderwärmung[4] zu einem Umdenken bei der zukünftigen Energieversorgung geführt. Deshalb gibt es vermehrt Überlegungen und Projekte den europäischen Energiemix zugunsten erneuerbarer Energieformen auszubauen. Auch erwägen über 50 Prozent der Verbraucher zukünftig Strom aus ökologischen Quellen zu beziehen.[5]

Erneuerbare Energieträger hatten 2007 einen Anteil von 14 Prozent an der deutschen Stromproduktion.

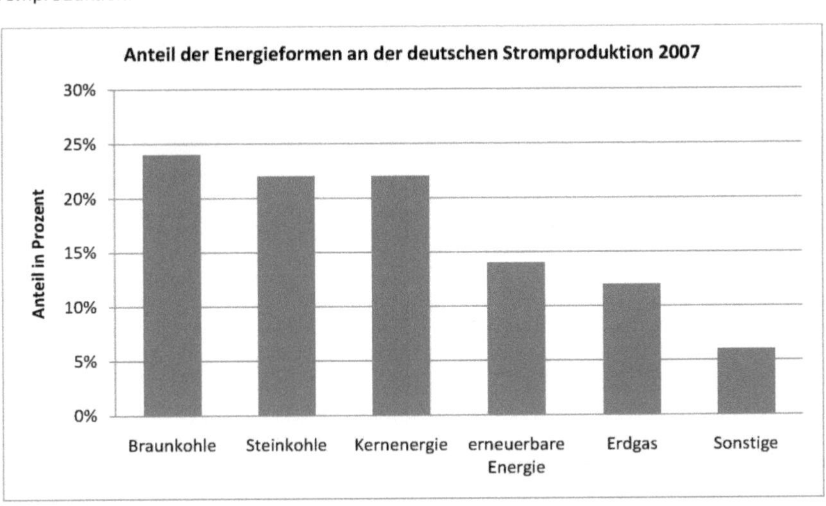

Tabelle 1: Stromproduktion in Deutschland im Jahr 2007 nach Energieformen [6]

Der 14 Prozent Anteil erneuerbare Energien enthält zu 46 Prozent Strom durch Windräder, gefolgt von Biomasse (26 Prozent) und Wasserkraft (24 Prozent).[7] Der geringe Anteil von Strom aus

---

[1] (Hadamovsky & Jonas, 2000, S. 28)
[2] (Hadamovsky & Jonas, 2000, S. 15)
[3] (Hadamovsky & Jonas, 2000, S. 19)
[4] (Hadamovsky & Jonas, 2000, S. 17, 19)
[5] (Instituts für Erziehungswissenschaft der Philipps-Universität Marburg & TNS Emnid, 2006, S. 31)
[6] (FAZ, 11.09.2008, S. 14)

Ausarbeitung von Daniel Auer für Umwelttechnik im Studium zum Wirtschaftsingenieur.

Sonnenenergie hat hauptsächlich konstitutive, standortbedingte, Gründe welche unter *2.a* näher erläutert werden.

Ein Konzept den Energiemix zugunsten erneuerbarer Energien zu verschieben ist das Desertec Konzept[8]. Hierbei handelt es sich unter anderem um eine Idee verschiedener Unternehmen, Organisationen und Staaten aus Europa, dem *nahen Osten sowie Nordafrika* (MENA)[9] zur umweltfreundlichen Erzeugung von 700 TWh/a bis zum Jahr 2050 aus CSP-Kraftwerken[10]. Das Desertec Konzept könnte mit den CSP-Kraftwerken, nach dem Willen der Planer, bis 2050 15 Prozent des europäischen Strombedarfes abdecken.[11] Das Konzept wurde von der Trans-Mediterranean Renewable Energy Cooperation (TREC) und dem Deutschen Zentrums für Luft- und Raumfahrt (DLR) ausgearbeitet[12] und wäre mit den geplanten Kosten von bis zu 400 Milliarden Euro das größte je dagewesene Projekt.[13]

Die nachfolgende Grafik zeigt die geplante Entwicklung der Stromproduktion in Deutschland unter der Annahme, dass das Desertec Konzept wie geplant verwirklicht wird.

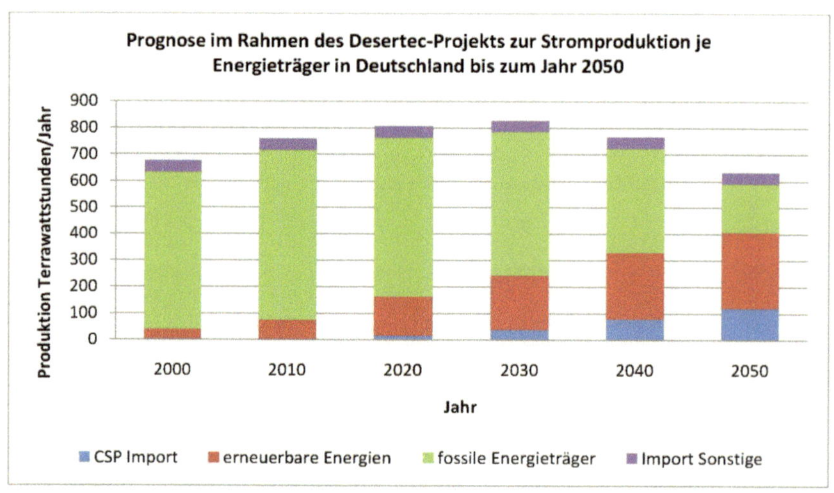

Die erneuerbaren Energien sind zu einem Balken zusammen gefasst und lediglich der Anteil von CSP ist getrennt hervorgehoben. Für das Jahr 2050 ist eine Stromproduktion der CSP-Kraftwerke von 120 TWh pro Jahr für den deutschen Energiemix vorgesehen.[15] Für den europäischen Energiemix sieht die TRANS-CSP Studie des DLR im Jahre 2050 einen 17 Prozentigen Anteil von Solarstromimporten, 18 Prozent Wasserkraft und 46 Prozent gespeist aus europäische erneuerbaren Energiequellen vor. Die

---

[7] (FAZ, 11.09.2008, S. 14)
[8] (DESERTEC Foundation, Stand: 23.11.2009)
[9] (DESERTEC Foundation, Stand: 23.11.2009)
[10] (DLR, Stand: 23.11.2009)
[11] (Fritz-Dieter Doenitz, Solar Mollenium AG, Stand: 01.12.2009, S. 25)
[12] (DESERTEC Foundation, Stand: 14.11.2009)
[13] (Hoffmann, Stand: 23.11.2009)
[14] (DLR, NERC u.a., 23.06.2006)
[15] (DLR, NERC u.a., 23.06.2006)

Ausarbeitung von Daniel Auer für Umwelttechnik im Studium zum Wirtschaftsingenieur.

anderen alternativen Energiequellen werden in anderen Hausarbeiten behandelt und sollen hier nicht angesprochen werden. Der restliche Energiebedarf soll konventionell mit fossilen Brennstoffen erzeugt werden.[16]

Auch der Wissenschaftliche Beirat der Bundesregierung sieht den globalen Energiemix bis zum Jahre 2100 deutlich zu Gunsten solarer Energiegewinnung verschoben.

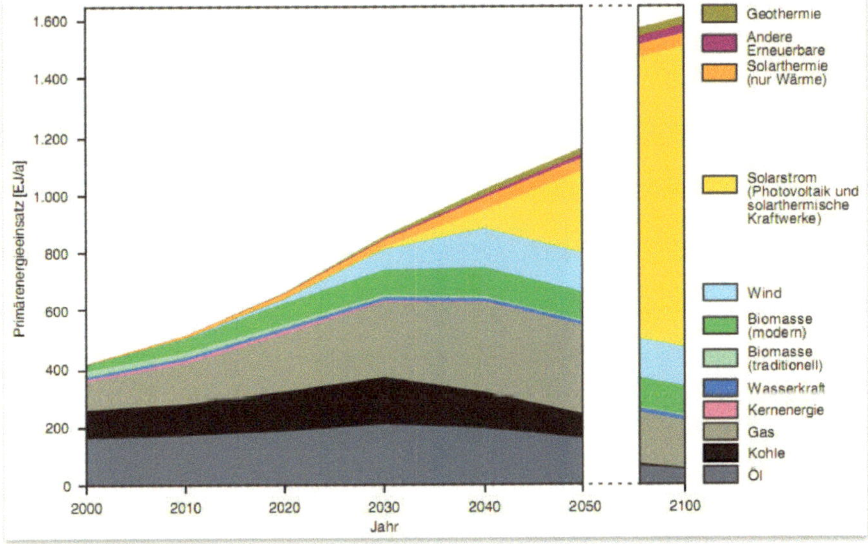

Abbildung 1: Die Veränderung des globalen Energiemix bis ins Jahr 2100 [17]

---

[16] (Deutsches Zentrum für Luft- und Raumfahrt, Stand: 01.12.2009, S. 2)
[17] (Wissenschaftlicher Beirat der Bundesregierung, Globale Umweltveränderungen, Stand: 01.12.2009, S. 28)

Ausarbeitung von Daniel Auer für Umwelttechnik im Studium zum Wirtschaftsingenieur.

2. CSP: TECHNIK & KOSTEN

Das grundsätzliche Funktionsprinzip der CSP ist nicht neu, so hatte schon Archimedes im Jahre 212 vor Christus die Idee mit polierten Bronzeschildern Sonnenlicht zu konzentrieren und so feindliche römische Schiffe in Brand zu setzen. Auch wenn nicht bekannt ist ob das funktionierte wurde die Idee im Jahre 1973 von der griechischen Marine erfolgreich kopiert und ein hölzernes Boot in Brand gesetzt.[18] Diese Versuche haben zwar wenig mit der heutigen Nutzung der Parabolspiegel gemein,

Abbildung aus urheberrechtlichen Gründen für die Veröffentlichung entfernt.

Abbildung 2: Arbeiten am größten Solarkraftwerk der Welt. (Foto Solar Millennium AG)

verdeutlichen aber die Wirkung der CSP und die immense Energie der Sonne.

Ein CSP-Kraftwerk funktioniert grundsätzlich wie ein konventionelles fossiles Kraftwerk oder ein Atomkraftwerk. Nur, dass nicht die fossile Verbrennung oder atomare Reaktion die Wärme erzeugen mit welcher eine Dampfturbine angetrieben wird sondern die Sonne selbst. Deshalb gehören diese Solarkraftwerke auch in die Kategorie der solarthermischen Kraftwerke und die Stromerzeugung nutzt den Clausius-Rankine-Prozess welcher erprobt, günstig und relativ simpel ist.

Dem Lauf der Sonne werden, auf der Nord-Süd-Ache verlaufende, Parabolspiegel nachgeführt welche das Sonnenlicht auf ein Absorberrohr um mehr als das 80-fache[19] konzentrieren und es stark erhitzen.[20] Diese Parabolspiegelreihen sind mehrere hundert Meter lang und in vielfacher Ausführung parallel zueinander installiert.[21]

In dem mit Vakuum isolierten und versilberten Glasrohr fließt ein Thermo-Öl welches so bis zu 400°C[22] heiß wird. Dieses heiße Öl wird über einen Wärmetauscher zur direkten Dampferzeugung

---

[18] (DESERTEC-UK, Stand: 23.11.2009)

[19] (Quaschning & Blanco Muriel, Stand: 28.11.2009, S. 3)

[20] (Publication of GEZEN Foundation for Massive Scale Solar Energy, Groningen, The Netherlands, Stand: 28.11.2009, S. 1)

[21] (Quaschning & Blanco Muriel, Stand: 28.11.2009, S. 2)

[22] (Publication of GEZEN Foundation for Massive Scale Solar Energy, Groningen, The Netherlands, Stand: 28.11.2009, S. 1)

Ausarbeitung von Daniel Auer für Umwelttechnik im Studium zum Wirtschaftsingenieur.

genutzt. Der Wirkungsgrad des Solarfeldes beträgt im Jahresmittel etwa 50 bis 60 Prozent [23] [24], der genaue Wirkungsgrad hängt primär von der geografischen Lage des Kraftwerkes ab. Zudem kann die Wärme in speziellen Wärmespeichern gespeichert werden.[25] So lässt sich auch nachts das Thermo-Öl bei Durchfluss durch die Wärmespeicher erneut erhitzen und Dampf erzeugen. Es wird somit keine elektrische Energie gespeichert sondern Wärme. Der Aspekt der Energiespeicherung wird in einer anderen Hausarbeit erläutert.

Der nun über Sonnenenergie oder die Wärmespeicher gewonnene Dampf treibt konventionelle Dampfturbinen an und wird dort in mechanische Rotationsenergie gewandelt dieser Vorgang hat einen Wirkungsgrad von 30 Prozent [26]. Anschließend erzeugt der angetriebener Generator Wechselstrom. Des Weiteren gibt es die Möglichkeit bei schlechtem Wetter, nachts oder für Grundlasten mittels fossiler Zufeuerung konventionell Strom zu erzeugen.[27] Diese Betriebsart heißt Hybridbetrieb.[28] Betrachtet man ein CSP-Kraftwerk ohne fossile Zusatzbefeuerung und mit Wärmespeicher dann arbeitet es auch bei verminderter Sonneneinstrahlung oder nachts vollständig CO_2-Emissions frei.[29]

Wie zum Betrieb eines konventionellen Kraftwerkes ist es erforderlich den Dampf zu kondensieren damit er als Wasser dem Kreislauf zurück geführt werden kann. Dies geschieht mit Wasser oder Luft. Die Abwärme in diesem Prozess kann als Industriedampf oder –wärme genutzt werden, in Küstennähe kann die entstehende Abwärme zur Entsalzung von Meerwasser verwendet werden, was wiederum den Wirkungsgrad der Anlage deutlich erhöht und in Regionen mit Trinkwasserknappheit einen Zusatznutzen schafft.[30] [31] Ohne weitere Nutzung der

Abbildung aus urheberrechtlichen Gründen für die Veröffentlichung entfernt.

Abbildung 3: Parabolspiegelfeld

(Foto Solar Millennium AG)

---

[23] (Publication of GEZEN Foundation for Massive Scale Solar Energy, Groningen, The Netherlands, Stand: 28.11.2009, S. 2)

[24] (Solar Millennium AG, Stand: 01.12.2009, S. 12)

[25] (Publication of GEZEN Foundation for Massive Scale Solar Energy, Groningen, The Netherlands, Stand: 28.11.2009, S. 1)

[26] (Publication of GEZEN Foundation for Massive Scale Solar Energy, Groningen, The Netherlands, Stand: 28.11.2009, S. 2)

[27] (Solar Millennium AG, Stand: 01.12.2009, S. 6)

[28] (Solar Millennium AG, Stand: 01.12.2009, S. 4)

[29] (Quaschning & Blanco Muriel, Stand: 28.11.2009, S. 3)

[30] (Publication of GEZEN Foundation for Massive Scale Solar Energy, Groningen, The Netherlands, Stand: 28.11.2009, S. 2)

[31] (Solar Millennium AG, Stand: 01.12.2009, S. 4)

Abwärme beträgt der Gesamtwirkungsgrad 15 bis 23 Prozent im Jahresmittel (Dieser Wert ist wieder stark abhängig vom Standort).[32] [33]

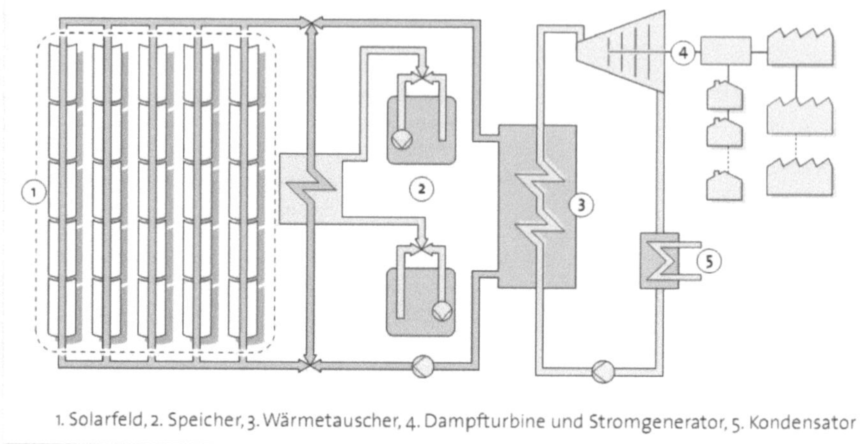

Abbildung 4: Funktionsprinzip eines CSP-Kraftwerkes mit Wärmespeicher und ohne fossiler Zufeuerung. [34]

Trotz erster Anlagen im Jahre 1984[35] [36] befindet sich die Technik der CSP-Kraftwerke noch am Anfang ihrer Entwicklung, was mit steigender Verbreitung zu singenden Erzeugungskosten führen sollte. So betragen die Kosten je Kilowattstunde (kWh) auf Flächen mit hoher Sonneinstrahlung von 2500 kWh/m² etwa 12-14 €Cents[37] [38]. Das entspricht in etwa den Kosten je kWh von Windkraftanlagen im Jahre 1985.[39] In Süd-Spanien entsprechen die Kosten je kWh etwa 22 €Cents.[40]

Wie im Desertec Konzept geplant und unter *2.a* näher begründet eignen sich Standorte in Zentralafrika somit optimal zur Errichtung von CSP-Kraftwerken. In Süd Marokko kann bei etwa 12 Sonnenstunden pro Tag von einer Energieproduktion von 59 W/m² ausgegangen werden.[41] Ein typisches 50MW (Megawatt) CSP-Kraftwerk benötigt, ohne Wärmespeichermöglichkeit, hierzu eine

---

[32] (Solar Millennium AG, Stand: 01.12.2009)

[33] (Eckhard Lüpfert, Deutsches Zentrum für Luft- und Raumfahrt, Stand: 04.12.2009, S. 11)

[34] (Solar Millennium AG, Stand: 01.12.2009, S. 12)

[35] (Publication of GEZEN Foundation for Massive Scale Solar Energy, Groningen, The Netherlands, Stand: 28.11.2009, S. 2)

[36] (Quaschning & Blanco Muriel, Stand: 28.11.2009, S. 1, 4)

[37] (Publication of GEZEN Foundation for Massive Scale Solar Energy, Groningen, The Netherlands, Stand: 28.11.2009, S. 2)

[38] (Eckhard Lüpfert, Deutsches Zentrum für Luft- und Raumfahrt, Stand: 04.12.2009, S. 23, 24)

[39] (Publication of GEZEN Foundation for Massive Scale Solar Energy, Groningen, The Netherlands, Stand: 28.11.2009, S. 2)

[40] (Publication of GEZEN Foundation for Massive Scale Solar Energy, Groningen, The Netherlands, Stand: 28.11.2009, S. 2)

[41] (Publication of GEZEN Foundation for Massive Scale Solar Energy, Groningen, The Netherlands, Stand: 28.11.2009, S. 2)

Ausarbeitung von Daniel Auer für Umwelttechnik im Studium zum Wirtschaftsingenieur.

Spiegelfläche von 0,85 km².[42] Die Spiegel mit Receiver kosten etwa 170 Millionen € und sind der Hauptkostenfaktor.[43]

Bei kontinuierlichem Ausbau, höherem Marktvolumen, der CSP-Kraftwerke auf eine gesamte elektrische Leistung von 2,8 GW (Gigawatt) bis zum Jahre 2020 und erfolgreicher Weiter- /Entwicklung der Wärmespeicher sollen die Kosten je kWh auf 5-6 €Cents fallen.[44] [45] [46] Das ist möglich da die größten Kosten die, einmaligen, Baukosten sind und keine Kosten für Brennstoffe o.ä. im Betrieb mehr anfallen. Dann wird diese Technologie nicht mehr staatlich gefördert werden müssen um wirtschaftlich zu sein.[47] Verschiedene Studien sehen unterschiedliches Potential für solarthermische Anlagen allgemein, so wird bis zum Jahre 2020 eine elektrische Leistung von 20.000 bis 45.000 Megawatt als realisierbar angesehen. Das Potential für solarthermische Anlagen besteht somit und führt wie erwähnt zu fallenden kWh-Kosten.

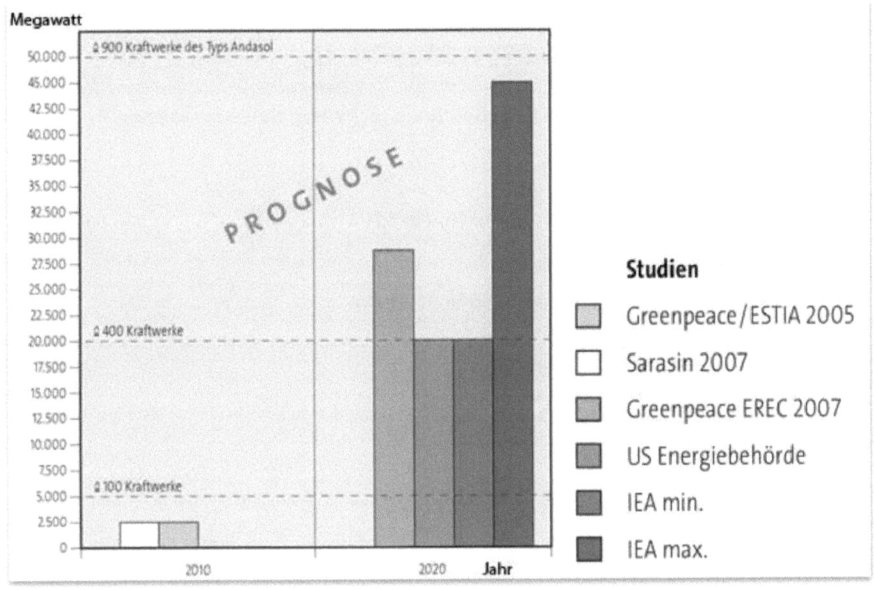

Abbildung 5: Verschiedene Studien zur Zukunft von solarthermischen Anlagen. IEA = International Energy Agency, Sarasin = Bankinstitut für nachhaltiges Handeln. [48]

Bei Kosten von 5-6 €Cents je kWh würden CSP-Kraftwerke die Klima-, Energie- und Wasserprobleme dieser Welt lösen können. CSP-Kraftwerke machen ab einer elektrischen Größenordnung von 10 kW

---

[42] (Publication of GEZEN Foundation for Massive Scale Solar Energy, Groningen, The Netherlands, Stand: 28.11.2009, S. 2)

[43] (Publication of GEZEN Foundation for Massive Scale Solar Energy, Groningen, The Netherlands, Stand: 28.11.2009, S. 2)

[44] (National Technical Information Service, U.S. Department of Commerce, Stand: 28.11.2009, S. 16)

[45] (Renewable Energy Concepts, Stand: 01.12.2009)

[46] (Eckhard Lüpfert, Deutsches Zentrum für Luft- und Raumfahrt, Stand: 04.12.2009, S. 23, 24)

[47] (Solar Millennium AG, Stand: 01.12.2009, S. 5)

[48] (Solar Millennium AG, Stand: 01.12.2009, S. 5)

Ausarbeitung von Daniel Auer für Umwelttechnik im Studium zum Wirtschaftsingenieur.

Sinn und können Leistungen bis zu 250 MW[49] erreichen auf Standorten mit einer Globalstrahlungsstärke (siehe *2.a*) ab etwa 1750 $\frac{kWh}{m^2}$.[50]

Es liegt nun an den *„sunny countries"*[51] mittels Steuern und Subventionen den Ausbau und die weitere Er-/Forschung von CSP zu stärken und langfristig ihre Stromerzeugung umzustellen. Diese Länder könnten zu Strom exportierenden Ländern werden. Sonnenarme OECD-Staaten könnten finanziell lokale Unternehmen unterstützen und Anreizte schaffen in ärmere *„sunny countries"* zu investieren. Diesen Ansatz verfolgt auch das Desertec Konzept. Die Weltbank hat zudem 200 Millionen USD als finanzielle Unterstützung für Entwicklungsländer welche CSP-Kraftwerke in Verbindung mit fossiler Zusatzbefeuerung bauen möchten bereit gestellt.[52]

Die Lebensdauer eines CSP-Kraftwerkes beträgt mindestens 40 Jahre [53] und seine Investition ist, je nach Finanzierungsmodell, nach 15 bis 25 wirtschaftlich abgeschrieben.[54] Es fallen dann nur noch die geringen Betriebskosten an.

Zur Reinigung der Spiegelflächen von Sand und Schmutz ist Wasser erforderlich, laut der TRANS-CSP Studie des DLR gibt es hierzu aber Verfahren welche mit sehr Wenig Wasser auskommen.[55]

kurze Zusammenfassung

Daten eines typischen Kraftwerkes auf optimalem Standort [(aus Absatz 2. und Quelle 56)].

- Leistungsbereich: 30 bis 80 MW
- Standort: mind. 175 $\frac{kWh}{m^2}$ Globalstrahlungsintensität
- Gesamtwirkungsgrad: bis 23 Prozent
- Kosten je kWh (aktuell): 12-14 €Cents
- Kosten je kWh (geplant bis 2020): 5-6 €Cents
- Lebensdauer: > 40 Jahre
- Betriebsstunden (Jahr): 3000 h
- Vollaststunden (Jahr): 2000 bis 2400 h
- Jährliche Stromerzeugung: 100 bis 200 GWh

Kriterien für elektrischen Ertrag:

- Standort und Strahlungsintensität der direkten Strahlung
- Zufeuerung und/oder Wärmespeicher

---

[49] (Solar Millennium AG, Stand: 01.12.2009, S. 4)

[50] (Quaschning & Blanco Muriel, Stand: 28.11.2009, S. 5, 6)

[51] (Publication of GEZEN Foundation for Massive Scale Solar Energy, Groningen, The Netherlands, Stand: 28.11.2009, S. 3)

[52] (Quaschning & Blanco Muriel, Stand: 28.11.2009, S. 4)

[53] (Solar Millennium AG, Stand: 01.12.2009, S. 8)

[54] (Deutsches Zentrum für Luft- und Raumfahrt, Stand: 01.12.2009, S. 7)

[55] (Deutsches Zentrum für Luft- und Raumfahrt, Stand: 01.12.2009, S. 2)

[56] (Eckhard Lüpfert, Deutsches Zentrum für Luft- und Raumfahrt, Stand: 04.12.2009, S. 11)

Ausarbeitung von Daniel Auer für Umwelttechnik im Studium zum Wirtschaftsingenieur.

a. CSP: STANDORTWAHL

„Die Wüsten der Erde empfangen in 6 Stunden mehr Energie von der Sonne, als die Menschheit in einem ganzen Jahr verbraucht."[57] Dieses Zitat zeigt wie viel Energie täglich kostenlos, unendlich sowie umweltfreundlich von der Sonne weltweit in den Wüsten bereitgestellt wird.

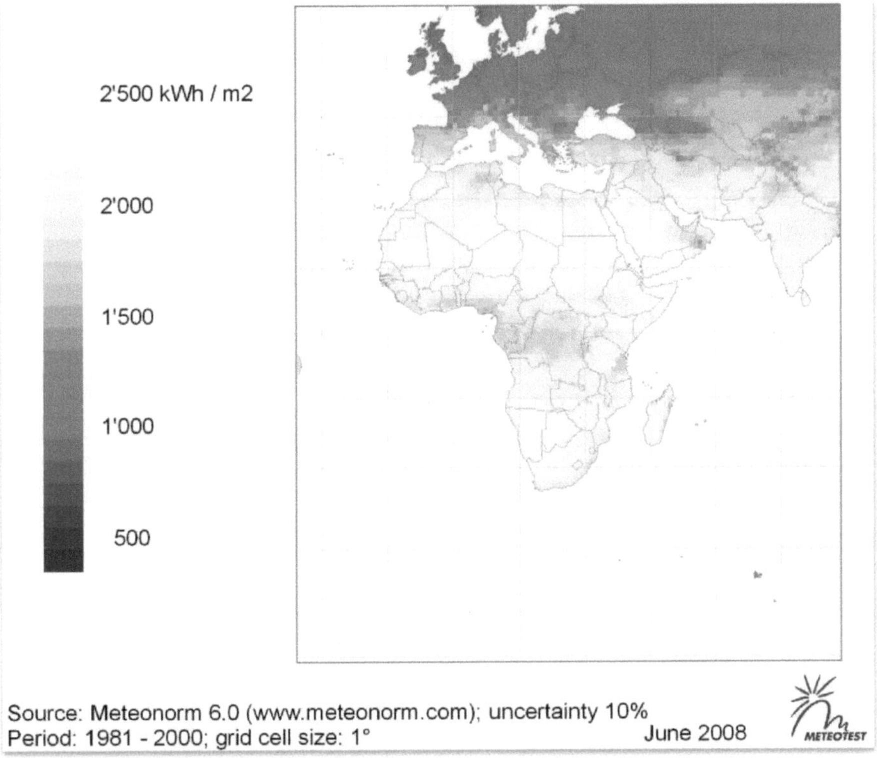

Abbildung 6: Globalstrahlungskarte in kWh/m² über den Zeitraum von 1981 bis 2000 gemittelt [58]

Die Sonneneinstrahlung auf die Erde wird als Globalstrahlung bezeichnet und in $\frac{kWh}{m^2}$ angegeben.[59] Die Intensität der Sonneneinstrahlung ist nicht gleichmäßig auf der Erde verteilt sondern abhängig vom Breitengrad des Standortes sehr unterschiedlich hoch. So beträgt die Globalstrahlung in Mitteleuropa etwa 1.000 $\frac{kWh}{m^2}$ und zum Vergleich etwa 2.300 $\frac{kWh}{m^2}$ auf dem Breitengrad 0 im Jahresmittel.[60] Als Globalstrahlung wird die direkte als auch die indirekte Sonneinstrahlung bezeichnet, CSP-Kraftwerke können nur die direkte Sonneneinstrahlung nutzen.[61] Die Strahlungsintensität ist in Zentralafrika zum Teil mehr als doppelt so hoch und zudem weniger durch

---

[57] (Knies)
[58] (Meteotest, Stand: 23.11.2009)
[59] (Hadamovsky & Jonas, 2000, S. 25)
[60] (Meteotest, Stand: 23.11.2009)
[61] (Quaschning & Blanco Muriel, Stand: 28.11.2009, S. 5)

Ausarbeitung von Daniel Auer für Umwelttechnik im Studium zum Wirtschaftsingenieur.

saisonale Schwankungen beeinflusst.[62] Wie eingangs von Herrn Knies behauptet eignet sich die Wüste von Zentral- und Nordafrika aufgrund der hohen direkten[63] Strahlungsintensität hervorragend zur Nutzung mittels solarthermischen Anlagen.

Drei Tausendstel der weltweit verfügbaren Wüstenfläche würden ausreichen um mittels solarthermischen Kraftwerken den aktuellen globalen Strombedarf von 18.000 $\frac{TWh}{Jahr}$ zu decken.[64] [65] Weniger als 0,3 Prozent der Wüstenfläche der MENA würden sogar ausreichen um mittels CSP-Kraftwerken den steigenden Strom- und Wasserbedarf der beteiligten Länder im Desertec-Konzept zu decken.[66] [67]

Das DLR, welches hierzu einige Studien abgeschlossen hat, bestätigt die obige Untersuchung und bescheinigt den südeuropäischen – und den MENA – Staaten ihre hervorragende Eignung für CSP-Kraftwerke.[68]

Die nachfolgende Grafik zeigt die geplanten Kraftwerkstypen und ihre Standorte im Desertec Konzept. Es ist gut zu erkennen, dass die CSP-Kraftwerke in den Wüstenregionen mit hoher Strahlungsintensität, und wo es möglich ist in den Küstenregionen, angesiedelt sind.

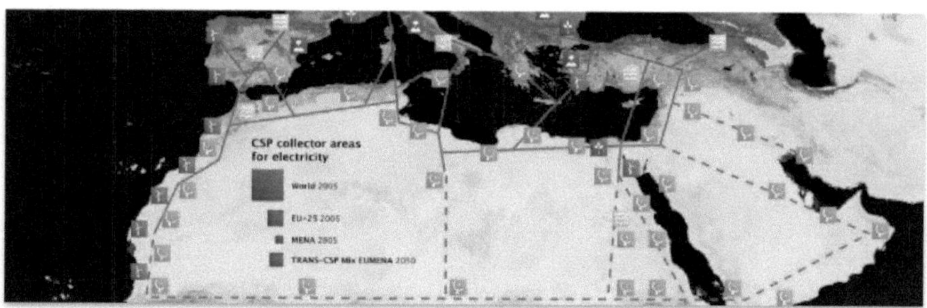

Abbildung 7: Geplante Standorte im Desertec Konzept. [69]

Es ist noch zu beachten, dass CSP-Kraftwerke nicht in Sandwüsten sondern nur in Regionen mit Fels- oder Steinwüsten, welche aber etwa 70 Prozent der Fläche der Sahara ausmachen, gebaut werden sollten. Sandstürme könnten die Spiegel sonst beschädigen.[70] Trotzdem gehen etwa 0,4 Prozent der Spiegel pro Jahr durch Umwelteinflüsse kaputt und müssen ersetzt werden.[71] Die 0,4 Prozent Investition in die defekte Spiegelfläche sind Teil der Betriebskosten.[72]

---

[62] (DESERTEC Foundation, Stand: 23.11.2009)

[63] (Quaschning & Blanco Muriel, Stand: 28.11.2009, S. 6)

[64] (DESERTEC Foundation, Stand: 23.11.2009, S. 6)

[65] (Solar Millennium AG, Stand: 01.12.2009, S. 4)

[66] (DESERTEC Foundation, Stand: 23.11.2009)

[67] (DLR, Stand: 23.11.2009)

[68] (Franz Trieb, Deutsches Zentrum für Luft- und Raumfahrt - MED-CSP, Stand: 01.12.2009)

[69] (DESERTEC Foundation, Stand: 23.11.2009)

[70] (Wolfgang W. Merkel, Welt Online, Stand: 23.11.2009)

[71] (Deutsches Zentrum für Luft- und Raumfahrt, Stand: 01.12.2009, S. 3)

[72] (Deutsches Zentrum für Luft- und Raumfahrt, Stand: 01.12.2009, S. 3)

Ausarbeitung von Daniel Auer für Umwelttechnik im Studium zum Wirtschaftsingenieur.

3. ERFAHRUNGSWERTE

Die bedeutendsten CSP-Kraftwerke sind das amerikanische Kramer Junction in der Mojave Wüste, Nevada Solar One und die spanischen Andasol Kraftwerke.

a. SPANIEN: „ANDASOL 1, 2, 3"

Im südspanischen Granada produziert seit Ende 2008 das erste von drei CSP-Kraftwerken Strom. Andasol 2 befindet sich im Testbetrieb. Andasol 1 bis 3 wird nach Fertigstellung aller drei 50 MW Kraftwerke auf einer Fläche von jeweils 1,95 km² [73] bis zu 600.000 Menschen mit elektrischer Energie versorgen können und so jährlich 450.000 Tonnen CO_2 einsparen.[74] [75] Andasol 1 produziert geschätzte 179 GWh/a Strom[76]. Ein Andasol Kraftwerk hat einen jährlichen Wasserbedarf zum Kondensieren des Dampfes von etwa 870.000 m³.[77] Diese Wassermengen sind am Standort verfügbar und entsprechen, nach Angabe des Betreibers, in etwa der Menge an Wasser welche benötigt werden würden um auf der Kraftwerksfläche Weizen anzubauen.[78] Die Lebensdauer der Kraftwerke beträgt mindestens 40 Jahre.[79] Beachtlich ist, dass ein voller Wärmespeicher die Dampfturbine bis zu 7,5 Vollaststunden weiter betreiben kann.[80]

Abbildung 8: Andasol Kraftwerke (Foto: Solar Millenium AG)

---

[73] (Solar Millennium AG, Stand: 01.12.2009, S. 14)
[74] (Solar Millennium AG, Stand: 01.12.2009, S. 9)
[75] (Wolfgang W. Merkel, Welt Online, Stand: 23.11.2009)
[76] (Solar Millennium AG, Stand: 01.12.2009, S. 8)
[77] (Solar Millennium AG, Stand: 01.12.2009, S. 12)
[78] (Solar Millennium AG, Stand: 01.12.2009, S. 12)
[79] (Solar Millennium AG, Stand: 01.12.2009, S. 8)
[80] (Solar Millennium AG, Stand: 01.12.2009)

Ausarbeitung von Daniel Auer für Umwelttechnik im Studium zum Wirtschaftsingenieur.

Die Baukosten für ein CSP-Kraftwerk betragen 300 Millionen Euro[81] und laut Hersteller endet die Finanzierungsphase nach ca. 20 Jahren. Da Strom aus solarthermischen Anlagen in Spanien mit 26-36 €Cent pro kWh vergütet wird können schon während dieser Zeit Erträge eingefahren werden. [82] [83] Strom aus CSP-Kraftwerken kann in dieser Region für etwa 0,22 € pro kWh[84] produziert werden.

Die energetische Amortisationszeit beträgt etwa 5 Monate.[85] Die Andasolkraftwerke rechnen sich also aus ökologischer und ökonomischer Sicht.

b. USA: „NEVADA SOLAR ONE"

In der Nähe von Las Vegas wurde im Jahre 2007 das CSP-Kraftwerk Nevada Solar One fertig gestellt.[86] Das 64 MW Kraftwerk wird jährlich etwa 129 Millionen KWh produzieren.[87] Auf 1,4 km² wird so Strom für 15.000 amerikanische Haushalte produziert.[88] Das Kraftwerk kann auf bis zu 200 MW erweitert werden und trägt bei Nevadas ehrgeiziges Ziel zu erreichen seinen Strombedarf bis 2015 zu 20 Prozent durch Nutzung der Sonne zu decken.[89]

Abbildung 9: Nevada Solar One (Foto SCHOTT Solar)

---

[81] (Handelsblatt, Stand: 01.12.2009)
[82] (Solar Millennium AG, Stand: 01.12.2009, S. 20)
[83] (Fritz-Dieter Doenitz, Solar Mollenium AG, Stand: 01.12.2009, S. 28)
[84] (Publication of GEZEN Foundation for Massive Scale Solar Energy, Groningen, The Netherlands, Stand: 28.11.2009, S. 2)
[85] (Fritz-Dieter Doenitz, Solar Mollenium AG, Stand: 01.12.2009, S. 22)
[86] (SCHOTT Solar, Stand: 04.12.2009)
[87] (SCHOTT Solar, Stand: 04.12.2009)
[88] (SCHOTT Solar, Stand: 04.12.2009)
[89] (Johannes Bernreuter, SCHOTT Solar, Stand: 04.12.2009)

Ausarbeitung von Daniel Auer für Umwelttechnik im Studium zum Wirtschaftsingenieur.

c. USA: „KRAMER JUNCTION IN DER MOJAVE-WÜSTE"

Das erste kommerziell genutzte CSP-Kraftwerk wurde in der kalifornischen Mojave-Wüste im Jahre 1984 errichtet.[90] Bis zum Jahr 1991 wurde es auf eine elektrische Leistung von 354 MW auf einer Fläche von 7 km² ausgebaut und spießt nun jährlich etwa 800 Millionen kWh in das Stromnetz ein.[91] Bei geringer Sonneinstrahlung oder nachts kann ein Teil des Kraftwerkes mit Gas gefahren werden, der Anteil fossiler Brennstoffe ist auf die jährliche Stromproduktion gesehen auf 25 Prozent beschränkt. Das Kraftwerk in der Mojave-Wüste kostete über 1,2 Billionen USD und seine Teile wurden größtenteils in Europa produziert.[92] Bemerkenswert ist, dass die Oberfläche der Spiegel über all die Jahre nichts von Ihrer Qualität verloren hat[93], was wohl auch zu den günstigen Betriebskosten beigetragen hat. Von ursprünglich 0,27 USD pro kWh konnten die Kosten auf etwa 0,13 USD pro kWh bei den neuen Kraftwerkteilen gesenkt werden.[94]

Abbildung aus urheberrechtlichen Gründen für die Veröffentlichung entfernt, einsehbar unter
https://www.google.de/maps/place/35%C2%B000'55.0%22N+117%C2%B033'39.4%22W/@35.015276,-117.578454,7731m/data=!3m1!1e3!4m2!3m1!1s0x0:0x0

Abbildung 10: Kramer Junction aus der Vogelperspektive (Foto Google Earth)

---

[90] (Quaschning & Blanco Muriel, Stand: 28.11.2009, S. 4)

[91] (Quaschning & Blanco Muriel, Stand: 28.11.2009, S. 4)

[92] (Quaschning & Blanco Muriel, Stand: 28.11.2009, S. 4)

[93] (Wolfgang W. Merkel, Welt Online, Stand: 23.11.2009)

[94] (Quaschning & Blanco Muriel, Stand: 28.11.2009, S. 4)

Ausarbeitung von Daniel Auer für Umwelttechnik im Studium zum Wirtschaftsingenieur.

4. ANDERE GEPLANTE PROJEKTE

Nachfolgend eine Auflistung weiterer sich im Bau befindlicher oder geplanter CSP-Kraftwerk Projekte aus der ganzen Welt außerhalb von DESERTEC. Die Liste stellt nur einen Auszug dar und erhebt keinen Anspruch auf Vollständigkeit.

- Ein griechisches Unternehmen plant auf Zypern ein 10 MW CSP-Kraftwerk zu errichten.[95]
- In Süd-Jordanien, Ma'an, soll für 425 USD ein 100 MW CSP-Kraftwerk gebaut werden. Mit 320 Sonnentagen und einer Strahlungsintensität von über 2500 $\frac{kWh}{m^2}$ eignet sich der Standort perfekt für ein solches Kraftwerk. Das geplante Kraftwerk könnte 4 Prozent des gesamten Jordanischen Strombedarfs abdecken.[96]
- Abu Dhabi plant ein 100 MW CSP-Kraftwerk auf einer Fläche von 2,5 km², später soll die Anlage auf 1000 MW und 6,5 km² erweitert werden.[97]
- In Israel soll ein aus zwei Anlagen bestehendes CSP-Kraftwerk mit jeweils 125 MW gebaut werden.[98]
- Aufgrund attraktiver Einspeisevergütung für solarthermische Anlagen sind einige CSP-Kraftwerke in Spanien geplant/im Bau.[99]

5. CSP: AUSWIRKUNGEN AUF DIE UMWELT

Die Abwärme welche beim kondensieren des Dampfes entsteht, damit selbiger als Wasser in den Prozess zurück geführt werden kann, kann sinnvoll genutzt werden. Wie eingangs erwähnt kann Sie als Wärmequelle für den Entsalzungsprozess von Meerwasser verwendet werden.

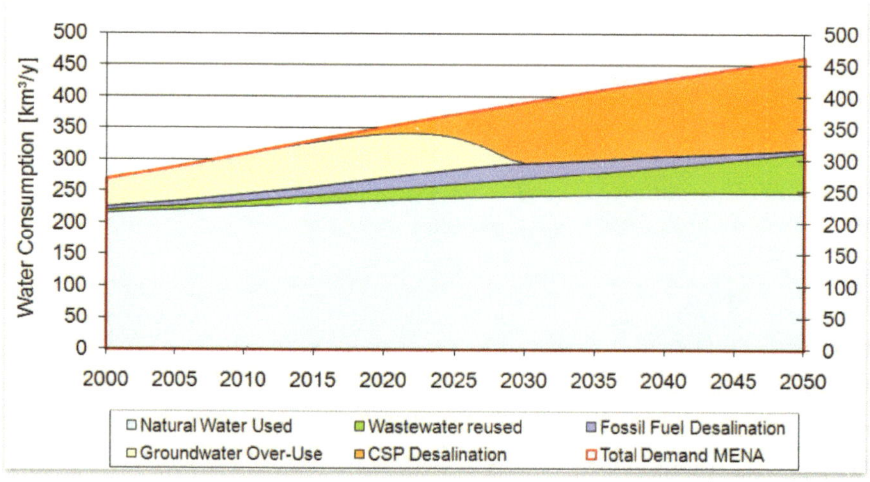

Abbildung 11: Trinkwasserbedarf der MENA-Staaten und mögliche Zusammenstellung [100]

---

[95] (PÖYRY Energy GmbH Hamburg, Stand: 01.12.2009)
[96] (renewable energy focus, Stand: 01.12.2009)
[97] (zawya Projects, Stand: 01.12.2009)
[98] (Mark Mehos, National Renewable Energy Laboratory, Stand: 01.12.2009, S. 26)
[99] (Eckhard Lüpfert, Deutsches Zentrum für Luft- und Raumfahrt, Stand: 04.12.2009, S. 19)

Ausarbeitung von Daniel Auer für Umwelttechnik im Studium zum Wirtschaftsingenieur.

So lässt sich der Wirkungsgrad der Anlage deutlich erhöhen und die ohnehin gefährdete Trinkwasserversorgung der MENA Staaten sichern. Die AQUA-CSP Studie, durchgeführt vom DLR, bestätigt, dass rund ein Drittel des bis 2050 existierenden Trinkwasserbedarfs in den Ländern der Region MENA mit entsalztem Meerwasser aus CSP-Kraftwerken gewonnen werden kann.[101]

Dieser Nutzen sollte nicht unterschätzt werden wenn man von anhaltendem Bevölkerungswachstum und sinkendem Trinkwasservorkommen ausgeht. Eine gesicherte Trinkwasserversorgung kann zur Stabilisierung ganzer Regionen beitragen.[102] Des Weiteren wäre Trinkwasser quasi als Nebenprodukt bis zu einer Größenordnung von 100.000 m³/Tag kostengünstig[103] pro CSP-Kraftwerk verfügbar.

Dem steht nur ein Nachteil gegenüber, CSP-Kraftwerke benötigen viel Fläche. So werden mindestens 2 km² Wüstenfläche mittels Parabolspiegel verspiegelt werden um solaren Strom zu erzeugen. Dieses Bauwerk sieht nicht schön aus und es muss bei der Planung und Errichtung Rücksicht auf die Interessen der Menschen welche in der Region leben genommen werden. Deshalb sollten die Menschen dort aufgeklärt und in die Planung mit eingebunden werden. Zusätzlich können sie Arbeit in und um das neue CSP-Kraftwerk bekommen.

Die Technik der CSP-Kraftwerke hat schon jetzt Potential und wird mit sinkenden kWh-Preisen weiter an Attraktivität gewinnen. Verschiedene Studien bescheinigen ihr enormes Wachstum.

---

[100] (Franz Trieb, Deutsches Zentrum für Luft- und Raumfahrt - AQUA-CSP, Stand: 01.12.2009)
[101] (Franz Trieb, Deutsches Zentrum für Luft- und Raumfahrt - AQUA-CSP, Stand: 01.12.2009)
[102] (Franz Trieb, Deutsches Zentrum für Luft- und Raumfahrt, Stand: 01.12.2009, S. 4)
[103] (Franz Trieb, Deutsches Zentrum für Luft- und Raumfahrt, Stand: 01.12.2009, S. 6)

Ausarbeitung von Daniel Auer für Umwelttechnik im Studium zum Wirtschaftsingenieur.

Literaturverzeichnis & Quellenverzeichnis

DESERTEC Foundation. (Stand: 14.11.2009). DESERTEC Foundation. http://www.desertec.org/en/foundation/.

DESERTEC Foundation. (Stand: 23.11.2009). DESERTEC Foundation. http://www.desertec.org/de/konzept/zusammenfassung/.

DESERTEC Foundation. (Stand: 23.11.2009). DESERTEC Foundation Studien. http://www.desertec.org/de/konzept/studien/.

DESERTEC Foundation. (Stand: 23.11.2009). DESERTEC Red Paper 2. http://www.desertec.org/fileadmin/downloads/media/DESERTEC_RedPaper_2nd_de.pdf.

DESERTEC-UK. (Stand: 23.11.2009). DESERTEC-UK. http://www.trec-uk.org.uk/history/history.html.

Deutsches Zentrum für Luft- und Raumfahrt. (Stand: 01.12.2009). Solarstromimporte aus der Wüste. http://www.dlr.de/Portaldata/1/Resources/standorte/stuttgart/Fragen_zum_Solarstromimport.pdf.

DLR. (Stand: 23.11.2009). DESERTEC: Solarstrom aus der Wüste. http://www.dlr.de/desktopdefault.aspx/tabid-5885/9548_read-18787/.

DLR, NERC u.a. (23.06.2006). Prognose zur Stromproduktion in Deutschland bis 2050. *Trans-Mediterranean Interconnection for Concentrating Solar Power - Final Report* .

Eckhard Lüpfert, Deutsches Zentrum für Luft- und Raumfahrt. (Stand: 04.12.2009). Solarthermische Kraftwerke zur Stromerzeugung in sonnenreichen Ländern. http://www.vti-koeln.de/DLRsolarkraftwerke_VTI_060506el.pdf.

FAZ. (11.09.2008). Wind Energy Study 2008. *Frankfurt Allgemeine Zeitung, Nr. 213* , S. 14.

Franz Trieb, Deutsches Zentrum für Luft- und Raumfahrt - AQUA-CSP. (Stand: 01.12.2009). Dr.rer.nat. http://www.dlr.de/tt/desktopdefault.aspx/tabid-3525/5497_read-6611/.

Franz Trieb, Deutsches Zentrum für Luft- und Raumfahrt - MED-CSP. (Stand: 01.12.2009). Dr.rer.nat. http://www.dlr.de/tt/desktopdefault.aspx/tabid-2885/4422_read-6575/.

Franz Trieb, Deutsches Zentrum für Luft- und Raumfahrt. (Stand: 01.12.2009). Solarthermische Kraftwerke für die Meerwasserentsalzung. http://www.dlr.de/Portaldata/1/Resources/standorte/stuttgart/AQUA-CSP_Zusammenfassung.pdf.

Fritz-Dieter Doenitz, Solar Mollenium AG. (Stand: 01.12.2009). Solarthermische Kraftwerke. http://files.messe.de/cmsdb/001/14468.pdf.

Hadamovsky, H.-F., & Jonas, D. (2000). *Solaranlagen.* Vogel Verlag.

Handelsblatt. (Stand: 01.12.2009). Größtes Solarkraftwerk der Welt eröffnet. http://www.handelsblatt.com/technologie/energie_technik/groesstes-solarkraftwerk-der-welt-eroeffnet;2415256.

Ausarbeitung von Daniel Auer für Umwelttechnik im Studium zum Wirtschaftsingenieur.

Hoffmann, K. P. (Stand: 23.11.2009). Operation Wüstenstrom.
http://www.tagesspiegel.de/wirtschaft/Unternehmen-Desertec-Konzept-Windkraft-
Solarenergie;art129,2845353.

Instituts für Erziehungswissenschaft der Philipps-Universität Marburg & TNS Emnid. (2006).
Umweltbewusstsein in Deutschland 2006. *Bundesministerium für Umwelt, Naturschutz und
Reaktorsicherheit* , S. 31.

Johannes Bernreuter, SCHOTT Solar. (Stand: 04.12.2009). Die Kraftwerke der Zukunft.
http://www.schott.com/magazine/german/sol106/sol106_01_powerplants.html.

Knies, G. (kein Datum). Dr.

Mark Mehos, National Renewable Energy Laboratory. (Stand: 01.12.2009).
http://subversion.assembla.com/svn/eeb781/Report%20Documents/Resources/Concentrating%20S
olar%20Power.pdf.

Meteotest. (Stand: 23.11.2009). Datenbank Meteonorm . www.meteonorm.com.

National Technical Information Service, U.S. Department of Commerce. (Stand: 28.11.2009).
Assessment of Parabolic Trough and Power Tower Solar Technology Cost and Performance Forecasts.
http://www.nrel.gov/docs/fy04osti/34440.pdf.

PÖYRY Energy GmbH Hamburg. (Stand: 01.12.2009).
http://www.energy.poyry.de/de/aktuelles/2009/091007-CSPZypernII.html.

Publication of GEZEN Foundation for Massive Scale Solar Energy, Groningen, The Netherlands.
(Stand: 28.11.2009). http://www.gezen.nl/wordpress/wp-content/uploads/2008/06/fact-sheet-
concentrating-solar-power-3.pdf.

Quaschning, V., & Blanco Muriel, M. (Stand: 28.11.2009). Solar Power – Photovoltaics or Solar
Thermal Power Plants? http://g3petropolis.files.wordpress.com/2009/05/solar_power.pdf.

Renewable Energy Concepts. (Stand: 01.12.2009). Greenpeace-ESTIA Studie, Schlaich&Partner.
http://www.renewable-energy-concepts.com/german/sonnenenergie/solar-
konzepte/solarthermische-kraftwerke/parabolrinnen-kraftwerke.html.

renewable energy focus. (Stand: 01.12.2009).
http://www.renewableenergyfocus.com/view/2041/consortium-seeks-us425-million-for-csp-plant-
in-jordan/.

SCHOTT Solar. (Stand: 04.12.2009). Nevada Solar One.
http://www.schott.com/csp/german/products/receiver/references/references2.html.

Solar Millenium AG. (Stand: 01.12.2009). Die Parabolrinnen-Kraftwerke Andasol 1 bis 3.
http://www.solarmillennium.de/upload/Download/Technologie/Andasol1-3deutsch.pdf.

Solar Millenium AG. (Stand: 01.12.2009). Referenzen am Weltmarkt: Die Andasol-Kraftwerke.
http://www.solarmillennium.de/front_content.php?idart=155.

Ausarbeitung von Daniel Auer für Umwelttechnik im Studium zum Wirtschaftsingenieur.

Wissenschaftlicher Beirat der Bundesregierung, Globale Umweltveränderungen. (Stand: 01.12.2009). Welt im Wandel, Energiewende zur Nachhaltigkeit. http://www.wbgu.de/wbgu_jg2003.pdf.

Wolfgang W. Merkel, Welt Online. (Stand: 23.11.2009). Wie Europa die Sonne Afrikas anzapft. http://www.welt.de/wissenschaft/article4153538/Wie-Europa-die-Sonne-Afrikas-anzapft.html.

zawya Projects. (Stand: 01.12.2009). http://www.zawya.com/projects/project.cfm/pid240108011256/Masdar%20-%20Shams%201%20Concentrating%20Solar%20Power%20(CSP)%20Plant?cc.